AKADEMIE DER WISSENSCHAFTEN UND DER LITERATUR

ABHANDLUNGEN DER
MATHEMATISCH-NATURWISSENSCHAFTLICHEN KLASSE
JAHRGANG 1976 · NR. 2

Die Pseudostipeln der Sapindaceae

von

FOCKO WEBERLING

Mit 11 Abbildungen

AKADEMIE DER WISSENSCHAFTEN UND DER LITERATUR · MAINZ
IN KOMMISSION BEI FRANZ STEINER VERLAG GMBH · WIESBADEN

CIP-Kurztitelaufnahme der Deutschen Bibliothek

Weberling, Focko
Die Pseudostipeln der Sapindaceae.

(Abhandlungen der Mathematisch-Naturwissenschaftlichen
Klasse / Akademie der Wissenschaften und der Literatur;
Jg. 1976, Nr. 2) ISBN 3-515-02345-3

Vorgelegt von Hrn. W. Troll in der Plenarsitzung am 28. Juni 1975,
zum Druck genehmigt am selben Tage, ausgegeben am 11. März 1976

Inhaltsverzeichnis

I. Einleitung

Wie wir in einer früheren Arbeit (WEBERLING & LEENHOUTS 1966) bereits
näher ausgeführt haben, besteht bei den von WETTSTEIN (1935) zu den
Terebinthales gerechneten Familien der Burseraceae, Simaroubaceae, Meliaceae, Anacardiaceae und Sapindaceae die Tendenz zur Umwandlung basaler
Spreitenfiedern zu stipelähnlichen, jedoch nicht mit Stipeln zu homologisie-
renden Organen. Die Formenreihe dieser als „Pseudostipeln" (NORMAN
1857) bezeichneten Spreitensegmente reicht von Basalfiedern, die sich nur
durch ihre geringere Größe von den übrigen Fiedern unterscheiden, über stärker abgewandelte Segmente, welche an Hand von Übergangsformen, die zwischen ihnen und den normal entwickelten Spreitenfiedern stehen, als Fiedern
identifiziert werden können, bis zu Organen, welche keinerlei Beziehungen
zu den Spreitenfiedern mehr erkennen lassen. Dem entspricht jeweils auch
das Verhalten dieser basalen Blattsegmente in der Blattentwicklung und die
sehr unterschiedliche Konstanz des Auftretens bei den verschiedenen Vertretern der genannten Familien. Während sich die mehr fiederartigen Basalsegmente während der Blattentwicklung noch mehr oder minder der gewöhnlich akropetalen Fiederfolge einfügen, weisen die stark abgewandelten
Basalsegmente auch in ihrer Ontogenie mehr und mehr die für Stipeln
charakteristischen Züge einer frühzeitigen Anlegung und proleptischen
Weiterentwicklung auf. Dennoch zeigen die morphologischen Reihen an, daß
es sich auch hier um umgewandelte Fiedern handelt, für welche wir den von
LAM (1932) geprägten Terminus „Metastipeln" übernommen haben.

Während wir uns in der oben genannten Arbeit vor allem auf die Behandlung der Burseraceae und Simaroubaceae konzentrierten, soll im folgenden
über die schon angekündigten Untersuchungsergebnisse an Sapindaceae be-
richtet werden. Auch diese Untersuchungen wurden in freundschaftlicher
Zusammenarbeit mit Herrn Dr. P. W. LEENHOUTS, Rijksherbarium Leiden,
ausgeführt, der sich seit langem mit der monographischen Bearbeitung der
Sapindaceae für die Flora Malesiana befaßt. Die im Zusammenhang mit der
Revision der Gattungen *Lepisanthes* und *Glenniea* gewonnenen Resultate
wurden von LEENHOUTS (1969, 1973) bereits in den Grundzügen dargelegt,
wobei auf die hier vorgelegten näheren Ausführungen verwiesen wurde.

Unser Dank gilt an erster Stelle Herrn Dr. P. W. LEENHOUTS, Rijksherbarium Leiden. Auch der Leitung des Rijksherbariums, Herrn Prof. Dr.
C. KALKMAN, und früher Herrn Prof. Dr. C. G. G. J. VAN STEENIS, möchten
wir für die stets bereitwillig gewährte großzügige Hilfe bei unseren Untersuchungen, vor allem auch für die Ausleihe von Herbarmaterial danken. In
diesen Dank schließen wir besonders Herrn Bibliothekar L. VOGELENZANG,
und Herrn C. LUT ein. Für die Ausleihe wichtiger Herbarstücke danken wir
dem Jardin botanique national de Belgique in Meise, Belgien (Nationale
Plantentuin van Belgie, Meise, Belgien), und der Botanischen Staatssammlung
München. Lebendes Material einiger Sapindaceen erhielten wir aus den Botanischen Gärten der Universitäten Leiden und Gießen, wofür wir den Herren
Direktoren und Technischen Leitern dieser Gärten danken möchten. Für
wertvolle Anregungen und Hinweise sind wir Herrn Prof. Dr. VAN DER
VEKEN, Laboratorium voor Plantensystematiek, Gent, Belgien, und Herrn
Dr. T. D. PENNINGTON, Dept. of Forestry, University of Oxford, zu Dank
verbunden. Den Graphikerinnen Frau Ursula JUST, geb. DICHTELMÜLLER,
und Fräulein Ursula SCHULTHEIS danken wir für die Anfertigung der Zeich-
nungen; die Originale der Abbildungen 5 III, 6 III, VI u. 7 I wurden von
Herrn E. VYSMA, Rijksherbarium Leiden, gezeichnet, den wir in unseren
Dank einbeziehen möchten. Der Deutschen Forschungsgemeinschaft und der
Akademie der Wissenschaften und der Literatur in Mainz danken wir für
die finanzielle Unterstützung unserer Untersuchungen.

II. Verbreitung und Formen der Pseudostipeln oder Stipeln bei den Sippen der Sapindaceae

Pseudostipeln treten bei den Sapindaceae innerhalb verschiedener Tribus der Sapindoideae auf:

Sapindeae

   Deinbollia SCHUM. et THONN. (nur *D. xanthocarpa* (KLOTZSCH) RADLK. und *D. pycnophylla* GILG)

Nephelieae

   Pometia FORST. (*P. pinnata* FORST., *P. ridleyi* KING)
   Otonephelium RADLK. (*O. stipulaceum* RADLK.)

Cupanieae

   Laccodiscus RADLK. (*L. pseudostipularis* RADLK.)
   Eriocoelum HOOK. f. (*E. microspermum* RADLK., *E. macrocarpum* GILG ex RADLK., *E. kerstingii* GILG ex ENGL. und die meisten übrigen Arten)
   Blighiopsis VAN DER VEKEN (*B. pseudostipularis* VAN DER VEKEN)

Lepisantheae

   Placodiscus RADLK. (nur *P. pseudostipularis* RADLK.)
   Glenniea HOOK. f. (*Crossonephelis* BAILL., *Melanodiscus* RADLK.; nur *G. africana* (RADLK.) LEENH.)
   Lepisanthes BL. (incl. *Aphania* BL., *Otolepis* TURCZ., *Otophora* BL.)

Sieht man von den ohnedies monotypischen Gattungen *Otonephelium* und *Blighiopsis* ab, so ist festzustellen, daß Pseudostipeln zumeist nur bei einem Teil der Arten einer Gattung, oder (*Placodiscus, Glenniea*) sogar nur bei einer einzigen vorkommen. Die Konstanz ihres Auftretens ist somit nicht nur innerhalb der ganzen Familie, und in den einzelnen Tribus, sondern oft auch innerhalb der betreffenden Gattungen sehr gering.

Für die 5 Gattungen der Paullinieae, *Serjania, Paullinia, Urvillea, Cardiospermum* und *Thinouia* hingegen gelten „echte Nebenblätter" als gemeinsames Merkmal, was angesichts der bei den oben genannten Gattungen erkennbaren Tendenz zur Ausbildung von Pseudostipeln und im Hinblick auf die systematische Gliederung der Familie zur sorgfältigen Beobachtung und gründlichen Diskussion herausfordert. – Bei den

1. Sapindeae, Nephelieae und Cupanieae

sind die Pseudostipeln stets deutlich fiederartig ausgebildet, nur erheblich kleiner als die übrigen Spreitenfiedern. Sie sind entweder am Grunde der Rhachis, zu beiden Seiten des Blattansatzes inseriert, bisweilen sogar etwas auf die Sproßachse verschoben, oder sitzen etwas höher an der Rhachis des Blattes. Nicht selten ist ihre Inserationshöhe an der Rhachis bei den Blättern ein und desselben Sproßabschnittes recht unterschiedlich. Das zeigt etwa die Abbildung von *Deinbollia xanthocarpa* bei EXELL (Fl. Zambesiaca 2, t. 107, S. 524). In der Diagnose (S. 523) heißt es dazu: „lowest pair of leaflets, at or near the base of the rhachis, resembling stipules." Nach unseren Beobachtungen können die untersten Fiedern auch so hoch inseriert sein und so wenig von den übrigen Fiedern abweichen, daß „Pseudostipeln fehlen". Abweichend gestaltete Basalfiedern fanden wir auch bei *D. pycnophylla* (Zenker 2374, Kongo, Bipinde, L), nicht aber bei den anderen 5 von uns untersuchten Arten.

Für die Gattungen *Otonephelium* und *Pometia* wird von RADLKOFER (1895, 328/329) sogar im Schlüssel für die Nephelieae als unterscheidendes Merkmal angeführt, daß „die untersten Blättchen nebenblattartig" sind, was auf eine erhöhte Konstanz dieser Ausbildungsweise schließen läßt. Auch J. SCHILLER (1903) erwähnt die beiden Gattungen als Beispiel für die Ausbildung von Pseudostipeln bei den Sapindaceen. Bei *Pometia pinnata* sind die Größenunterschiede zwischen den „nebenblattartigen" Basalfiedern und den Spreitenfiedern beträchtlich. Häufig ist dabei eine stärkere Ausprägung der auch bei den übrigen Fiedern erkennbaren Asymmetrie zu beobachten, wobei die der Blattbasis zugekehrte Fieder„hälfte" stark gemindert, die zur Spitze gewandte am Grunde stark öhrchenförmig erweitert ist. Auf diese Asymmetrie weist auch JACOBS (1962, S. 114 u. 120) hin. Nach seinen Angaben (S. 118) können gelegentlich auch 2 Paar kleinerer Basalfiedern auftreten. Die Untersuchungen von BURGER (1972) an Keimpflanzen ergaben für die f. *glabra*, daß an den beiden Primärblättern das untere Rhachisglied noch deutlich gestreckt ist, so daß die untersten Spreitenfiedern, die auch hier viel kleiner sind als die übrigen, weit oberhalb des Blattansatzes stehen. Erst an den Folgeblättern wird die Ausbildung des untersten Rhachisgliedes mehr und mehr gehemmt, so daß die untersten Spreitenfiedern nach und nach an die Blattbasis heranrücken. Bei der f. *tomentosa* trägt nach den Angaben BURGERS schon das erste auf den Primärblattwirtel folgende Blatt sichelförmige Pseudostipeln, welche den Stengel umgreifen.

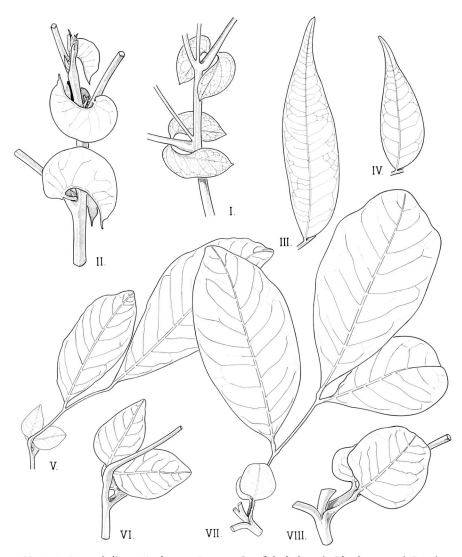

Abb. 1. I *Otonephelium stipulaceum* Radlk., Sproßabschnitt mit Blattbasen und Pseudo-
stipeln, nach Beddome verändert. II–IV *Blighiopsis pseudostipularis* Van der Veken,
II Sproßabschnitt mit Blattbasen und Pseudostipeln, III, IV verschieden stark asymmetrische
Laubblattfiedern. V–VIII *Glenniea africana* (Radlk.) Leenh., V, VII Fiederblätter
mit Pseudostipeln, diese in VI und VIII stärker vergr. (V, VI Claessens s. n. 1924),
VII, VIII N. C. Chase 39 619, BR).

Sichelförmig sind auch die Pseudostipeln von *Otonephelium stipulaceum*
RADLK., wie die aus einem von BEDDOME (1871) veröffentlichten Habitusbild
wiedergegebenen Blattbasen in Abb. 1 I zeigen. Die Spitzen dieser Pseudostipeln sind nicht wie sonst bei Fiedern nach oben, also blattspitzenwärts,
sondern abwärts orientiert. Dabei ist jeweils der nach innen gewandte
Spreitenflügel nur noch im distalen Bereich mäßig entwickelt, im unteren
Bereich aber fast gänzlich unterdrückt.

Noch stärker ausgeprägt ist dieses Verhalten bei *Blighiopsis pseudostipularis* VAN DER VEKEN (Abb. 1 II). Hier ist der der Sproßachse zugewandte
Spreitenflügel der Pseudostipeln gänzlich unterdrückt. Leider hatten wir
keine Möglichkeit, die Blattentwicklung von *Blighiopsis* zu untersuchen. Bei
einer eingehenden Betrachtung von Laubknospen gewannen wir den Ein-
druck, daß die Entfaltung der Pseudostipeln mit einem gewissen Vorsprung
vor den übrigen Blattsegmenten erfolgt.

Im Vergleich zu den zuletzt geschilderten Arten weichen die basalen Blattsegmente bei *Laccodiscus* und *Eriocoelum* nur sehr geringfügig von der Form
der übrigen Spreitenfiedern ab. Sehr deutlich zeigen die von HAUMAN (1960)
für *Laccodiscus pseudostipularis* RADLK. und *Eriocoelum microspermum*
RADLK. abgebildeten Habituszeichnungen (t. 34, S. 331, und t. 33, S. 323),
daß es sich um kleinere, vor allem auch kürzere und oft rundlichere Basalfiedern handelt, deren Nervatur durch einen dominierenden Mittelnerven
mit fiedrig angeordneten Seitennerven gekennzeichnet ist. Bei beiden Gattungen sind solche Basalfiedern weit verbreitet und daher auch als Merkmal
in den Gattungsdiagnosen genannt. Bei *Laccodiscus* werden sie von RADL-
KOFER (1895) nur für *L. ferrugineus* (BAK.) RADLK. (*Cupania ferruginea*
BAKER) nicht ausdrücklich erwähnt, bei *Eriocoelum* fehlen sie nach überein-
stimmenden Befunden von RADLKOFER (1895) und HAUMAN (1960) nur bei
E. petiolare RADLK. Soweit wir Arten aus diesen Gattungen untersuchen
konnten, fanden wir die Angaben bestätigt.

2. Lepisantheae

Unter den 9 von RADLKOFER (1931/33, S. 811 ff.) aufgeführten Arten der
Gattung *Placodiscus* ist nur eine, für deren Fiederblätter RADLKOFER (1895,
321) konstatiert, daß „deren unterste Blättchen . . . nebenblattartig sind"
(vgl. auch RADLKOFER 1891, 242). Auch bei *Glenniea (Crossonephelis)* gilt
nach der Revision der Gattung durch LEENHOUTS (1973, 1975) nur für eine
von 8 Arten, nämlich *G. africana* (RADLK.) LEENH. das auch im Arten-
schlüssel verwendete Merkmal: „Lowermost pair of leaflets attached near or
at the base of the leaf, ± stipule-like." Diese beiden mehr oder minder dicht

über dem Blattansatz inserierten Fiedern sind kaum $^1/_4$ so groß wie die übrigen Spreitenfiedern (Abb. 1 V, VII). Ihre Form ist spitzeiförmig (VI) oder aber auch breit abgestuft, fast rundlich (VIII), auch dann aber sind sie noch deutlich fiedernervig. Die Untersuchung der Blattentwicklung (Abb. 4 IV) zeigt, daß die Basalfiedern selbst in verhältnismäßig späten Stadien der Ontogenie in ihrer Stellung und Form noch keierlei Abweichungen von den übrigen Fiedern erkennen lassen.

Mannigfaltiger und beachtenswerter ist das Bild, das die Gattung *Lepisanthes* bietet. Auch hier treten Pseudostipeln nicht bei allen 4 Untergattungen auf und regelmäßig kommen sie nur in der Untergattung Otophora vor:

Lepisanthes
subgen. Lepisanthes
    sect. Lepisanthes (2 Arten): 1 Art mit Pseudostipeln
    sect. Hebecoccus (7 Arten): keine Pseudostipeln
subgen. Otophora
    sect. Otophora (5 Arten) alle Arten mit Pseudostipeln
        Pseudootophora (2 Arten) alle Arten mit Pseudostipeln
        Anomotophora (3 Arten) alle Arten mit Pseudostipeln
subgen. Erioglossum (2 Arten): keine Pseudostipeln
subgen. Aphania (3 Arten): basale öhrchenartige Verbreiterung der geflügelten Rhachis

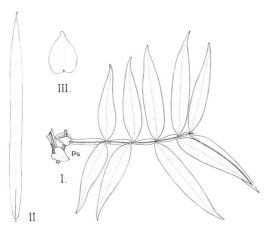

Abb. 2. *Lepisanthes alata* (BL.) LEENH. I Sproßabschnitt mit zwei Laubblättern, das untere oberhalb der Pseudostipeln (Ps) abgeschnitten, II, III Fieder (II, 36 cm lang, 2,2 cm breit) und Pseudostipel (III, 7,0 cm lang, 4,5 cm breit) eines sehr großen Laubblattes (II, III: L 194 85).

Bei *L. andamanica* KING (Sect. Lepisanthes) haben wir es noch mit Basalfiedern zu tun, welche in ihrer Form ganz den übrigen Spreitenfiedern gleichen, jedoch viel kleiner sind. Bei den von uns untersuchten Herbarbelegen
war ihre Ansatzstelle weit auf die Sproßachse verschoben, so daß die Basalfiedern nach dem Blattfall stets eine eigene Narbe hinterlassen, ähnlich wie
es oft bei außenständigen Stipeln der Fall ist.

Größer ist der Unterschied zwischen den Pseudostipeln und den übrigen
Spreitensegmenten bei den in Abb. 2 I wiedergegebenen Blättern von *L. alata*
(BL.) LEENH. (Sect. Anomotophora). Er kann gelegentlich noch viel stärker
ausgeprägt sein, wie das Beispiel in Abb. 2 II, III zeigt, bei dem die schmalen
Spreitenfiedern bei einer Breite von nur 2,2 cm eine Länge von 36 cm
erreichen, während die spitzeiförmigen Pseudostipeln nur 7 cm lang, dabei
aber 4,5 cm breit werden. Insertionsweise und Orientierung der Pseudostipeln erinnern hier stärker als bei den vorher geschilderten Beispielen an das
Verhalten echter Stipeln.

Bei *L. alata* konnten wir auch die Ontogenie der Laubblätter untersuchen
(Abb. 4 I–III). Diese zeigt, daß die Pseudostipeln, die bei der akropetal
fortschreitenden Spreitengliederung als erste entstehen, zwar anfänglich den
übrigen Fiedern ähneln, sich aber früher von diesen absondern, als es etwa
bei *Glenniea* (Abb. 4 IV) der Fall ist.

Die Flügelung der Rhachis, auf die der Artname *L. alata* Bezug nimmt,
ist bei der zur gleichen Sektion gehörenden *L. amplifolia* (PIERRE) LEENH.
(Abb. 5 I) noch stärker ausgeprägt, während die Basalfiedern weniger stark

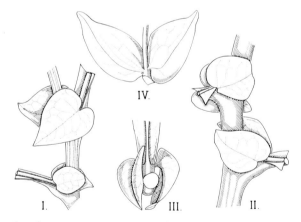

Abb. 3. *Lepisanthes alata* (BL.) LEENH. I, II Sproßstücke mit je zwei Pseudostipeln tragenden
Fiederblattbasen, III Fiederblattbasis mit Pseudostipeln von der Ventralseite (nach in Flüssigkeit fixiertem Material), IV Fiederblattbasis mit weniger von den Spreitenfiedern abweichen-
den Pseudostipeln (M. HOTTA 12 660, Borneo, L).

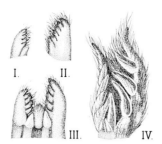

Abb. 4. I–III *Lepisanthes alata* (BL.) LEENH., Laubblattentwicklung (in Flüssigkeit fixiertes Material); IV *Glenniea africana* (RADLK.) LEENH., Knospe mit jungen Fiederblättern (N. C. CHASE 4419, S. Rhodesia, BR). Alle Stadien im gleichen Maßstab vergr.

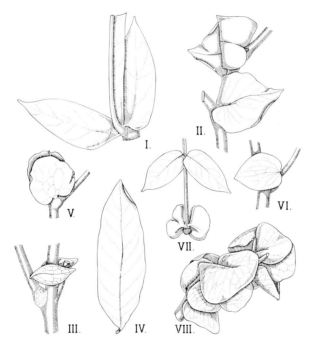

Abb. 5. I–III Laubblattbasen mit Pseudostipeln von I *Lepisanthes amplifolia* (PIERRE) LEENH. (Typus, PIERRE 4128, S. Vietnam, Prov. Bien hoa, L), II *L. kinabaluensis* LEENH. (Paratypus, CLEMENS 29 017, N. Borneo, Tenompok, BO), Länge der Pseudostipeln etwa 4,5 cm, III *L. divaricata* (RADLK.) LEENH. (HAVILAND 1996/1511 (SAR), Sarawak), IV Fieder und V Blattbasis mit Pseudostipeln von *L. bengalan* LEENH. (Typus, KOSTERMANS 4889, N. E. Borneo, E. Kutei, L), VI–VIII *L. amoena* (HASSK.) LEENH., VI Blattansatz mit Pseudostipeln (FORBES 2693, Sumatra, L), VII untere Spreitenfiedern und Pseudostipeln (BO 5330; die linke Fieder ist 5 cm, die Fiedern des nächsthöheren Paares sind ca. 8 cm lang), VIII von den Pseudostipeln abgefallener Laubblätter bedeckter Sproßabschnitt (GRASHOFF 185 a, Sumatra, BO). III Orig. E. VYSMA.

von den übrigen Fiedern abweichen. Auch die gleichfalls durch eine geflügelte Rhachis gekennzeichneten Blätter von *L. ramiflora* (RADLK.) LEENH., ebenfalls aus der Sect. Anomotophora, tragen etwas oberhalb des Blattansatzes fiederartige Basalsegmente, die viel kleiner als die zur Basis hin ohnedies an Größe abnehmenden Spreitenfiedern sind.

Weit fortgeschritten ist die an Stipeln erinnernde Ausbildungsweise der basalen Fiederblattsegmente bei einigen Arten der Sektionen Otophora und Pseudotophora. Aus der Sect. Otophora ist hier vor allem *L. amoena* (HASSK.) LEENH. (Abb. 5 VI–VIII) zu nennen. In der Umrißform sind die basalen Segmente hier zwar manchmal noch fiederartig (VI), meist aber breit nierenförmig oder fast kreisrund (VII, VIII). Vor allem aber ist hier der Übergang von der durch die Ausbildung eines medianen Hauptnerven bestimmten fiederigen Nervatur zur palmaten oder netzigen Nervatur festzustellen (vgl. Abb. 5 VI und VIII!). – Auch *L. bengalan* LEENH. (Sect. Pseudotophora) hat rundliche oder breit (5 cm) nierenförmige Pseudostipeln mit netziger Nervatur (Abb. 5 V), die sich somit ganz erheblich von den „normalen" Spreitenfiedern unterscheiden. Bei *L. kinabaluensis* LEENH. (Sect. Otophora) kommen neben netznervigen, rundlichen oder breit (bis 5 cm) nierenförmigen (CLEMENS 29 389, Mt. Kinabalu, Borneo, L) auch breit herzförmige zugespitzte Pseudostipeln mit noch schwach hervortretenden Medianus vor (Abb. 5 II). Gelegentlich (C. E. CARR 26 934, Mt. Kinabalu, L) fanden hier auch Blätter, bei denen in weitem Abstand von den großen Spreitenfiedern ein kleineres Fiederpaar saß, das in der Form zwischen den Pseudostipeln und den übrigen Spreitenfiedern vermittelte.

Demgegenüber haben wir es bei anderen Arten der Sect. Otophora, nämlich bei *L. unilocularis* LEENH. und *L. multijuga* (HOOK. f.) LEENH. und teilweise auch bei *L. divaricata* RADLK.) LEENH. wieder mit mehr oder minder fiederartig gestalteten Basalsegmenten zu tun. Bei *L. divaricata* ist dies nur bei der f. *lunduensis* (RADLK.) LEENH. (*Otophora lunduensis* RADLK., Abb. 5 III) der Fall, während die f. *divaricata* kreisrunde, netznervige Pseudostipeln besitzt. Ähnlich wie bei *L. divaricata* f. *lunduensis* sitzen die als Pseudostipeln bezeichneten Blattsegmente auch bei den 12 bis 14 Fiederpaare tragenden Blättern von *L. unilocularis* der Rhachis ein Stück oberhalb der Blattbasis an. Die gleichfalls reich gefiederten Blätter von *L. multijuga* tragen etwas oberhalb des Blattansatzes sogar 2 bis 3 Paar dicht gedrängter kleiner Fiedern, welche von der Form der linealisch-lanzettlichen, am Grunde abgerundeten Spreitenfiedern zu einer schief-eiförmigen Gestalt kurzer, breiter und etwas geöhrter Fiedern überleiten. – Außerordentlich mannigfaltig in Größe und Form sind die Pseudostipeln bei *L. fruticosa* (ROXB.) LEENH. (Sect. Pseudotophora), einer auch in anderer Hinsicht formenreichen Art

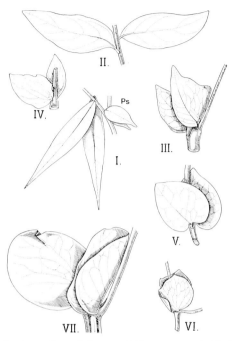

Abb. 6. *Lepisanthes fruticosa* (ROXB.) LEENH. I Blattansatz mit Fiedern und Pseudostipeln (P. ASHTON S 18404, Sarawak, L), II–IV Spreitenfiedern (II) und Pseudostipeln (PIERRE 4127, S. Vietnam, Prov. Bien hoa, L, K), V–VII Formen von Pseudostipeln (V BALAJADIA 3283, N. Borneo, BO; VI VILLAMIN 32, N Borneo, BO; VII F. H. ENDERT 2922, M. E. Borneo, BO). III, VI Orig. E. VYSMA.

anzutreffen. Die Formenreihe reicht von kleinen mehr oder minder lang zugespitzt eiförmigen (Abb. 6 I) oder dreieckig-eiförmigen (III) Basalfiedern über mehr schief herzeiförmige, am Grunde oft geöhrte, mit noch schwach ausgebildeten Mittelnerven (V) bis zu netznervigen Pseudostipeln von nierenförmigem oder rundlichem Umriß (VII), bisweilen mit einzelnen unregelmäßig angeordneten Zähnen. Dabei können die Pseudostipeln eine beträchtliche Größe erreichen, die in Abb. 6 VII dargestellten sind 12 cm lang und 10 cm breit. Gelegentlich konnten wir auch eine Größenzunahme der Pseudostipeln in der Blattfolge beobachten (Abb. 7), ähnlich wie man sie oft bei Stipeln von Halbrosettenpflanzen oder an Langtrieben von Holzgewächsen findet.

Der von LEENHOUTS (1969) in der Diagnose der Untergattung Aphania gegebene Hinweis „sometimes stipulate" bezieht sich nur auf eine der drei hierher gerechneten Arten, nämlich *Lepisanthes mixta* LEENH. Sowohl aus der Originalabbildung, als auch aus der Originaldiagnose geht jedoch deutlich hervor, daß es sich hier nicht um eine den Pseudostipeln der übrigen *Lepisanthes*-Arten vergleichbare Bildung handelt: „alis ad basin abrupte dilatatis, semiorbicularibus, usque ad 3 cm latis, stipulas mentientes". Die auch bei den Arten der Sect. Anomotophora und ganz besonders bei *L. amplifolia* ausgebildeten laubigen Rhachisflügel sind hier unmittelbar über dem Blattansatz öhrchenartig verbreitert. Ob es sich hier um Spreitenöhrchen oder um eine Bildung des Unterblattes (Verlaubung der Blattbasis) handelt, läßt sich mangels weiterer Vergleichsmöglichkeiten nicht entscheiden. Es ist der einzige Fall dieser Art, der uns aus der Familie der Sapindaceae bekannt ist.

3. Die Stipeln der Paullinieae

Die gewöhnlich lianenartig wachsenden und meist mit Ranken ausgestatteten Paullinieae werden von RADLKOFER (1891, 1895, 1931/34) vor allem durch zwei Blattmerkmale charakterisiert: 1. (innerhalb der Sapindoideae) durch die Ausbildung einer echten Endfieder, 2. (gegenüber allen übrigen

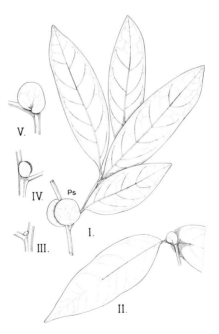

Abb. 7. *Lepisanthes fruticosa* (ROXB.) LEENH., I Sproßabschnitt mit Laubblatt, Ps Pseudostipeln (Typus von *Capura pulchella* RIDL., Ridley s. n., N. Borneo, SING 23 153), II Sproßstück mit Laubblatt (L 964 211 183), III–V Blattansätze aufeinander folgender Laubblätter (J. AMPURIA 35 280, N. Borneo). I. Orig. E. VYSMA.

Sapindaceae) durch die – abgesehen von einer einzigen Art – stets vorhandenen Nebenblätter.

Diese Nebenblätter stehen als knapp 1 bis 2 mm lange dreieckige oder dreieckig-eiförmige Schuppen (*Paullinia*, Abb. 11 III, *Serjania*, *Thinouia*) oder bis über 3 mm lange pfriemliche Zipfel (*Urvillea*, *Cardiospermum*) unmitelbar rechts und links an der Blattbasis. An älteren Knoten (Abb. 9 III) kann man sie leicht übersehen.

Ihre Entwicklung verläuft in der für Stipeln typischen Weise, wie zunächst das Beispiel von *Serjania glabrata* KUNTH (Abb. 8, 9) zeigen mag. Die Stipeln werden schon bald nach dem Hervortreten des Blattprimordiums ausgegliedert und wachsen sogleich schnell zu eiförmigen Schuppen heran, welche die Spreitenanlage zwischen sich einschließen und bis zur Entfaltung fast völlig bedecken (Abb. 8 I–III). Die Ausgliederung der weiteren Blattsegmente geht in akropetaler Richtung vor sich (Abb. 8 I). Erst in der Phase der Blattentfaltung ändert sich das Größenverhältnis zwischen der Spreite und den Stipeln, die ihr Wachstum in dem durch Abb. 8 III dargestellten Stadium weitgehend abgeschlossen haben. Die Ansatzstelle der bislang noch eiförmigen Stipeln wird infolge der Erstarkung der Sproßachse und Verdickung des Blattstiels stark gedehnt, so daß eine dreieckige oder breit-dreieckige Form der Stipeln resultiert (Abb. 9 IV/V, II, III).

Auch bei *Cardiospermum halicacabum* L. (Abb. 10, 11) erfolgt die Ausgliederung der Stipeln sehr frühzeitig (Abb. 10 I). Sie wachsen rasch in die Länge, werden dann aber von dem ersten der akropetal ausgegliederten Fiederpaare überholt (II). Die bei *Serjania* (und *Paullinia* und *Thinouia*)

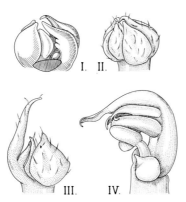

Abb. 8. *Serjania glabrata* KUNTH. Laubblattentwicklung. I gegenüber II und III, II und III gegenüber IV jeweils um das Doppelte vergr. In I ist die Stipel des rechten Laubblattes abgeschnitten, um die Gliederungsweise der Spreitenanlage zu zeigen.

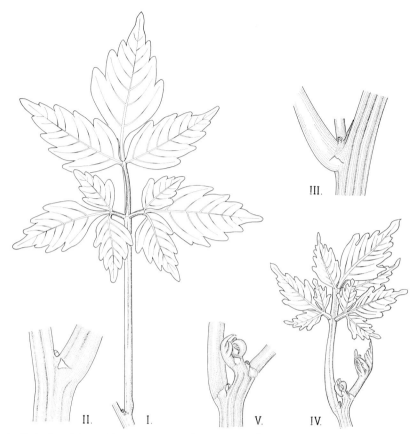

Abb. 9. *Serjania glabrata* KUNTH. I Erwachsenes Laubblatt, II dessen Basis, III Basis eines anderen Laubblattes stärker vergr., IV Endknospe mit jungen Blättern, V Endknospe stärker vergr.

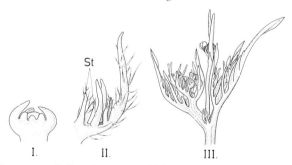

Abb. 10. *Cardiospermum halicacabum* L., Laubblattentwicklung, I Sproßscheitel, rechts und links je eine Blattanlage mit Stipeln, in der Mitte vor und hinter dem Vegetationsscheitel je eine weitere Blattanlage, II junges Laubblatt, St. Stipeln, III Sproßspitze mit jungen Laubblättern. I gegenüber II um das Doppelte, II gegenüber III um das Vierfache vergr.

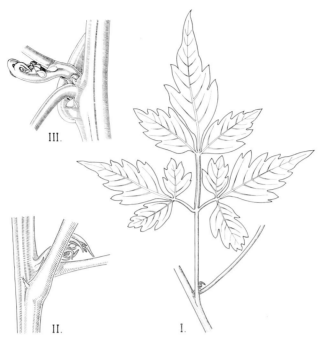

Abb. 11. I, II *Cardiospermum halicacabum* L., erwachsenes Laubblatt (I) und dessen Basis (II)
stärker vergr. III *Paullinia pinnata* L. Blattansatz mit Stipel und Achselsproß.

durch die Breite der jungen Stipeln ermöglichte Funktion des Knospen-
schutzes entfällt hier weitgehend. In Anbetracht der hier nur schmalen Ansatzstelle der Stipeln erscheint es nicht verwunderlich, daß ihre Form während des weiteren Wachstums von Blatt und Sproßachse ziemlich unverändert
bleibt (Abb. 12 I, II). Ähnlich verläuft die Entwicklung bei *Urvillea ulma-
cea* RADLK.

Sowohl hinsichtlich der Konstanz des Auftretens in gleicher Form und
gleicher Position bei allen Vertretern der einzelnen Gattungen als auch in
ihrer Entwicklungsweise zeigen die basalen Blattanhänge der Paullinieae
somit alle Kennzeichen echter Stipeln.

III. Diskussion und Erläuterung der Ergebnisse

Vergleichen wir Formen und Entwicklungsweise der Pseudostipeln bei Sapindeae, Cupanieae, Nephelieae und Lepisantheae mit den von WEBER- LING und LEENHOUTS (1966) für einzelne Gattungen der Burseraceae und Simaroubaceae geschilderten Verhältnissen, so fällt auf, daß die Ausbildung der Pseudostipeln bei den genannten Sapindaceensippen zumeist gewisser- maßen „in den Anfängen stecken bleibt".

In den meisten Fällen (*Deinbollia, Pometia, Laccodiscus, Eriocoelum, Glenniea*, nicht wenige Arten von *Lepisanthes*) sind Form und Nervatur noch deutlich fiederartig, wenn auch gelegentlich stärker von den übrigen Spreitenfiedern abweichend. Die Position rechts und links am Blattansatz wird keineswegs konstant eingehalten. Diese wechselnde Lage des Ansatzes der Pseudostipeln an der Rhachis korrespondiert mit deren fiederartiger Ausbildung. Auch bei den in der Form stärker abgewandelten und mit größerer Konstanz auftretenden Pseudostipeln von *Otonephelium* und *Blighiopsis* ist unverkennbar, daß sie Fiedern entsprechen. Im Einklang damit steht, soweit wir feststellen konnten, das Verhalten dieser Pseudostipeln in der Blattentwicklung. Es entspricht bei den Burseraceae etwa dem der Pseudostipeln von *Garuga floribunda* oder *Dacryodes edulis* oder allenfalls noch der – in ihrer Form jedoch stärker abgeleiteten – Pseudostipeln von *Canarium asperum*. Nur bei einigen *Lepisanthes*-Arten aus den stärker ab- geleiteten Sektionen Otophora und Pseudotophora, nämlich bei *L. kinabu- luense, L. amoena, L. bengalan* und *L. fruticosa*, treten Formen stark abge- leiteter Basalsegmente auf, welche an jene erinnern, die wir innerhalb der Burseraceengattung *Canarium* bei den Arten der stark abgeleiteten Sect. Canarium oder unter den Simaroubaceae bei *Picrasma javanica* antreffen. Aber auch diese sind in ihrer Gestalt nicht streng fixiert, wie die Angaben über *L. kinabaluensis*, die Abb. 5 VI–VIII für *L. amoena* und besonders die für *L. fructicosa* wiedergegebenen Formen (Abb. 6, 7) zeigen. Auch wenn sich darin – vor allem bei *L. fruticosa* – die Tatsache widerspiegelt, daß es sich um eine polymorphe Sippe handelt, so ist doch nicht zu übersehen, daß bei fast allen in der Form stärker abgeleiteten Pseudostipeln die Beziehung zur Fiedergestalt schon innerhalb derselben Art ohne weiteres aufzuzeigen ist.

Leider hatten wir keine Möglichkeit, gerade für diese Formen das Verhalten in der Blattontogonie zu untersuchen. Es ist jedoch kaum zu erwarten, daß sie ähnlich frühzeitig ausgegliedert werden und eine derart ausgeprägte Prolepsis zeigen wie die – in ihrer Form sehr konstanten – hochgradig abgeleiteten Metastipeln der genannten *Canarium*-Sippen oder der *Picrasma javanica*.

Wir haben bereits dargelegt, daß die Gattungen, innerhalb deren Arten mit Pseudostipeln auftreten, recht verschiedenen Tribus angehören. Diese weisen nach den Angaben von Muller und Leenhouts (1976) offenbar nur teilweise engere verwandtschaftliche Beziehungen zueinander auf. Nach diesen Angaben schließen die Sapindeae eng an die Lepisantheae an, während die Nephelieae engere Beziehungen zu den Cupanieae zeigen. Bei allen handelt es sich um abgeleitete Sippen. Die Tendenz zur Ausbildung von Pseudostipeln äußert sich somit innerhalb der Familie an sehr verschiedenen Stellen und in unterschiedlichem Maße.

Die Paullinieae, von Radlkofer (1891, 1894, 1931/34) an den Anfang des Systems der Sapindaceae gestellt, werden von Muller und Leenhouts als weit abgeleitete Gruppe am Ende der Familie eingeordnet.

Diese neue Auffassung über die systematische Stellung der Paullinieae darf bei der Bewertung der allein in dieser Gruppe vorkommenden Stipeln nicht außer acht gelassen werden. Während man bisher vermuten durfte, daß die Stipeln bei den als primitiv geltenden Paullinieae „noch vorhanden", bei den weiter abgeleiteten übrigen Sapindaceae jedoch verloren gegangen seien, gilt es jetzt eine Erklärung dafür zu finden, daß Stipeln gerade bei dieser am weitesten abgeleiteten Gruppe der Familie und nur bei dieser auftreten. Damit ergibt sich eine ähnliche Situation wie bei der Beurteilung der Metastipeln bei den weit abgeleiteten Burseracceenarten aus der Gattung *Canarium* Sect. Canarium. Diese würde man ohne Kenntnis der systematischen Stellung der betroffenen Sippen nach ihrer Form, der hohen Konstanz ihres Auftretens und nach ihrem entwicklungsgeschichtlichen Verhalten ohne Zögern als echte Stipeln ansprechen. Die mit den Progressionsreihen anderer Merkmale parallel laufenden Formenreihen der Pseudostipel-Bildung bei den verwandten Sippen und die Beobachtung, daß die als Stipeln erscheinenden Anhangsorgane stets bei solchen Sippen auftreten, die auch in anderer Hinsicht als weit abgeleitet gelten dürfen, veranlaßten uns (Weberling und Leenhouts 1966) jedoch, diese Gebilde als den Stipeln ähnliche – jedoch nicht homologe – Endstadien einer von Fiedern sich herleitenden Formenreihe von Pseudostipeln anzusehen und mit Lam (1932) als „Metastipeln" zu bezeichnen.

Nach unseren Beobachtungen weisen die basalen Blattanhänge der Paullinieae alle Merkmale echter Stipeln auf. Für sich allein betrachtet geben sie
somit keinerlei Anlaß, sie anders zu deuten. Es erscheint jedoch ungewöhn-
lich, wenn auch nicht ausgeschlossen, daß Stipeln ausgerechnet bei der höchst-
entwickelten Tribus der Familie erhalten geblieben sein sollten, während sie
bei den übrigen, primitiveren Sippen fehlen. Zusammen mit der Feststellung,
daß auch bei den Sapindaceae eine, freilich nur bei *Lepisanthes* stärker ausgeprägte, Tendenz zur Bildung von Pseudostipeln erkennbar ist, läßt dies
die Vermutung zu, es könnte sich auch bei den basalen Blattanhängen der
Paullinieae um Metastipeln handeln.

IV. Anhang: Ergänzende Mitteilungen über das Vorkommen von Pseudostipeln bei Meliaceae, Anacardiaceae und Connaraceae

Im Zusammenhang mit unseren Arbeiten über Unterblattbildungen und Pseudostipeln gingen uns verschiedene Hinweise und Anregungen zu, durch welche wir die Kataloge über das Auftreten von Pseudostipeln bei einigen Familien vervollständigen können.

1. Meliaceae

Für die Meliaceae hatten wir (WEBERLING und LEENHOUTS 1966) bereits Form und Entwicklungsweise der Pseudostipeln von *Toona sinensis* (JUSS.) M. ROEM. und das Auftreten von Pseudostipeln bei *Trichilia appendiculata* C.DC. geschildert. Im übrigen konnten wir auf die Angaben bei J. SCHILLER (1903, 799) und vor allem auf die Feststellung von HARMS (1940, 4) verweisen, in der es heißt: „Ist der Blattstiel sehr kurz, so daß das unterste Paar Blättchen sehr nahe dem Zweig sitzt, so kann es, zumal wenn die Blättchen kleiner sind als die übrigen desselben Fiederblattes und auch in der Gestalt abweichen, Nebenblätter vortäuschen, wie bei mehreren Arten der Sekt. *Moschoxylum* von *Trichilia: T. pseudostipularis* (A. JUSS.) C. DC. ...".

Nach brieflicher Mitteilung von *Herrn Dr. T. D.* PENNINGTON, *Dept. of Forestry, University of Oxford*, betrifft dies namentlich folgende Arten: *Trichilia subsessilifolia* C.DC., *T. poeppigii* C.DC., *T. riparia* MART., *T. smithii* C.DC., ferner nach Angaben in der Literatur auch *T. corcovadensis* C.DC., *T. microphyllina* C.DC., *T. polyclada* C.DC., *T. sebastiano-politana* C.DC., und *T. flaviflora* C.DC.
Auf das Vorkommen von Pseudostipeln in der Gattung *Dysoxylum*, z. B. *D. otophorum* MIQ., *D. pancheri* C.DC., var. *subsessilifolium* C.DC., weist RADLKOFER (1891, 242) hin (vgl. auch die Angaben bei BRIQUET, 1936, 11, und bei J. SCHILLER, 1903, 810).

2. Anarcardiaceae

Nach den Angaben von VAN DER VEKEN (1960) treten Pseudostipeln auch bei *Sorindeia gossweileri* EXELL et MENDONÇA sowie *Trichoscypha diversi-foliolata* und *T. kwangoensis* VAN DER VEKEN auf. Es handelt sich hier um kleinere Fiedern von etwa der halben bis kaum 1/5 der Größe der übrigen

Spreitenfiedern mit gewöhnlich etwas breiter elliptischen oder rundlichem Umriß, welche kurz über der Basis an der Rhachis inseriert sind oder bei dem untersuchten Exemplar von *Sorindeia gossweileri* im Winkel zwischen Rhachisbasis und Sproßachse ansitzen, also bei Blattfall eine eigene Narbe hinterlassen. Für andere Arten dieser beiden Gattungen konnten wir keinerlei Hinweise auf ein Vorkommen pseudostipelartiger Bildungen finden.

3. Connaraceae

„Bei *Roureopsis*-Arten (*R. obliquifoliolata*, *R. asplenifolia*) sind" (nach Schellenberg 1938, 2) „die untersten Fiederblättchen der Blattbasis genähert und täuschen Nebenblätter vor." Wie konnten diese Verhältnisse bei *R. obliquifoliolata* (Gilg) Schellenb. untersuchen. Die zahlreichen Seitenfiedern sind hier insofern stark asymmetrisch gestaltet, als der rhachisnahe Abschnitt des zur Blattspitze gewandten Spreitenflügels und der distale Bereich des basiskopen Spreitenflügels stark gefördert, die übrigen Bereiche gehemmt sind. Der Mittelnerv der im Umriß rhombischen Fiedern verläuft somit scheinbar diagonal. Unmittelbar über dem Blattansatz folgen dicht gedrängt aufeinander 1–3 (meist 2) kürzerer und kleinerer Fiederpaare, bei denen der akroskope Spreitenflügel im unteren Teil gänzlich unterdrückt ist. Es entstehen so Pseudostipeln von nierenförmigem Umriß, welche den Stengel am Blattansatz etwas umgreifen.

V. Zusammenfassung der wichtigsten Ergebnisse

Bei den Sapindaceae-Sapindoideae zeigt sich innerhalb einzelner Gattungen aus verschiedenen Tribus die Tendenz zur Ausbildung von Pseudostipeln. Meist sind diese noch deutlich fiederartig gestaltet oder zeigen enge Beziehungen zur Form der übrigen Spreitenfiedern. In stärker abgewandelter Form treten sie bei *Otonephelium* und *Blighiopsis* auf. Bei einigen Arten der Gattung *Lepisanthes* erinnern sie in ihrer Form an die hochentwickelten Metastipeln der Burseraceengattung *Canarium* Sect. Canarium, wenngleich die konvergente Annäherung an das Verhalten echter Stipeln bei *Lepisanthes* nicht denselben Grad erreicht wie bei *Canarium*.

Die als Stipeln angesehenen basalen Blattanhänge der Paullinieae weisen in der Konstanz ihres Auftretens und in ihrem entwicklungsgeschichtlichen Verhalten alle Merkmale echter Stipeln auf. Da jedoch die Paullinieae nach neuerer Ansicht nicht die primitivste Gruppe, sondern die am weitesten abgeleitete Gruppe der Sapindaceae darstellen, ist es angesichts der auch in dieser Familie erkennbaren Tendenz zur Ausbildung von Pseudostipeln nicht auszuschließen, daß es sich bei den stipelartigen Bildungen der Paullinieae um Metastipeln handelt.

VI. Literatur

ANDREWS, F. W., 1952: The flowering plants of the Anglo-Egyptian Sudan Vol. II. Arbroath.

AUBREVILLE, A., 1962: Flore du Gabon. Paris.

BEDDOME, R. H., 1871: The Flora Sylvatica-Madras.

BRIQUET, J., 1936 (posthum): Les caractères de la dissymétrie et l'hétérophyllie foliolaires chez les Méliacées à feuilles composées. – Boissiera Fasc. 1, 1–125, 5 Taf. Genf.

BURGER, D., 1972: Seedlings of some tropical trees and shrubs, mainly of South East Asia. – Wageningen.

ENGLER, A., 1892: Anacardiaceae, in ENGLER u. PRANTL. Die natürlichen Pflanzenfamilien, III. Teil, Abt. 5. 138–178. – Leipzig 1896.

–, 1895: Rutaceae, l.c., III. Teil, Abt. 4, 95–201. – Leipzig 1897.

GLÜCK, H., 1919: Blatt- und blütenmorphologische Studien. – Jena.

HARMS, H., 1940: Meliaceae, in ENGLER u. PRANTL, Die natürlichen Pflanzenfamilien, 2. Aufl. Bd. 19 b I, 1–172. – Reprint Berlin 1960.

HAUMAN, L., 1960: Sapindaceae, in Flore du Congo Belge et du Ruanda-Urundi IX, 279–384. – Bruxelles.

JACOBS, M., 1962: Pometia (Sapindaceae), a study in variability. – Reinwardtia 6 (2), 109–144. – Bogor.

LAM, H. J., 1932: Beiträge zur Morphologie der Burseraceae, insbesondere der Canarieae II. Ann. Jard. bot Btzg. 42, 97–226, T. XI–XVI.

LEENHOUTS, P. W., 1959: A monograph of the genus Canarium (Burseraceae). – Blumea 9, 275–475. – Leiden.

–, 1969: A Revision of Lepisanthes (Sapindaceae), Florae Malesianae Praecursores L. Blumea 17, 33–91. – Leiden.

–, 1973: A Revision of Crossonephelis (Sapindaceae). Blumea 21, 91–103. – Leiden.

–, 1975: Taxonomic notes of Glenniea (Sapindaceae). Blumea 22, 411–414. – Leiden.

LUBBOCK, Sir J., 1899: On buds and stipules. – London.

MENSBRUGE, G. DE LA, 1966: La germination et les plantules des essences arborées de la forêt dens humide de la Côte d'Ivoire. – Centre Techn. Forest. Trop. Publ. 26.

MULLER, J. and P. W. LEENHOUTS: A general survey of pollen types in Sapindaceae in relation to taxonomy. – In: I. K. FERGUSON & J. MULLER (eds.): The evolutionary significance of the exine. Suppl. Bot. Jour. Linn. Soc. London. (In press, to appear 1976).

NORMAN, J. M., 1857: Quelques observations de morphologie végétale. – Programme de l'Université Christiania. 1857. Abgedruckt ohne Beigabe der Abbildungen in Ann. sc. nat., sér. 4, Bot. 9, 105–221. – Paris (1858).

RADLKOFER, L., 1891: Über die Gliederung der Familie der Sapindaceen. – Sitzber. kön. bayer. Akad. Wiss., math.-physikal. Kl. 20 (Jg. 1890). – München.

–, 1895: Sapindaceae, in ENGLER u. PRANTL, Die natürlichen Pflanzenfamilien. III. Teil, Abt. 5, 277–366. – Leipzig 1897.

–, 1931/34: Sapindaceae, in A. ENGLER u. L. DIELS, Das Pflanzenreich IV. 165. Heft 98. Reprint 1965. – Weinheim.

SCHELLENBERG, G., 1938: Connaraceae, in A. ENGLER, L. DIELS, Das Pflanzenreich IV. 127. – Reprint Stuttgart 1956.

SCHILLER, J., 1903: Untersuchungen über Stipularbildungen. Sitzungsber. Akad. Wiss. Wien, math.-nat. Kl., **112**, Abt. I, 793–819. Wien.

TROLL, W., 1935: Vergleichende Morphologie der Fiederblätter. Nova Acta Leopoldina N.F. **2**, 311–455. Halle (Saale).

–, 1967: Bericht d. Kommission f. biolog. Forschung. Jb. Akad. Wiss. Lit. Mainz 1967, 89–103.

VAN DER VEKEN, P., 1960 a: Anacardiaceae in Flore du Congo Belge et du Ruanda-Urundi IX, 5–108. – Bruxelles.

–, 1960 b: Blighiopsis, genre nouveau de Sapindacées du Congo. – Bull. Jard. Bot. Brux. **30**, 413–419.

WEBERLING, F., 1955: Morphologische und entwicklungsgeschichtliche Untersuchungen über die Ausbildung des Unterblattes bei dikotylen Gewächsen. (Diss. 1953.) Beitr. z. Biol. d. Pfl. **32**, 27–105. Berlin.

–, 1958: Die Bedeutung blattmorphologischer Untersuchungen für die Systematik (dargestellt am Beispiel der Unterblattbildungen). Bot. Jb. **77**, 458–468. Stuttgart.

WEBERLING, F. u. LEENHOUTS, P. W., 1966: Systematisch-morphologische Studien an Terebinthales-Familien (Burseraceae, Simaroubaceae, Meliaceae, Anacardiaceae, Sapindaceae. – Abh. Akad. Wiss. Lit. Mainz, math.-naturw. Kl. Jg. 1965, Nr. 10.

WETTSTEIN, R. v., 1900: Über ein neues Organ der phanerogamen Pflanze. Verh. k.k. zool.-bot. Ges. Wien, Jg. 1900, I. Bd., 57.

–, 1935: Handbuch der Systematischen Botanik, 4. Aufl. Leipzig u. Wien.

ABHANDLUNGEN DER AKADEMIE
DER WISSENSCHAFTEN UND DER LITERATUR
MATHEMATISCH-NATURWISSENSCHAFTLICHE KLASSE

Jahrgang 1966

1. WOLFRAM OSTERTAG, Chemische Mutagenese an menschlichen Zellen in Kultur. 124 S., 34 Abb. u. 32 Tab., DM 12,—

2. FERDINAND CLAUSSEN und FRANZ STEINER, Zwillingsforschung zum Rheuma-Problem. 198 S. mit 8 Tabellen, DM 18,60

3. OTTO H. SCHINDEWOLF, Studien zur Stammesgeschichte der Ammoniten. 131 S., Lieferung V. mit 95 Abbildungen im Text, DM 12,40

4. WILHELM TROLL und FOCKO WEBERLING, Die Infloreszenzen der Caprifoliaceen und ihre systematische Bedeutung. 151 S., 76 Abb., DM 14,20

5. HILDEGARD SCHIEMANN, Über Chondrodystrophie (Achondroplasie, Chondrodysplasie). 61 S. mit 13 Tab. u. 19 Abb., DM 5,80

6. HARM GLASHOFF, Endogene Dynamik der Erde und die Diracsche Hypothese. 31 S. mit 9 Abb., DM 4,80

7. HUBERT FORESTIER und MARC DAIRE, Anomalies de réactivité chimique aux points de transformation magnétique des corps solides. 15 S. mit 8 Abb., DM 4,80

8. OTTO H. SCHINDEWOLF, Studien zur Stammesgeschichte der Ammoniten. 89 S., Lieferung VI. mit 43 Abbildungen im Text, DM 8,40

Jahrgang 1967

1. CARL WURSTER, Chemie heute und morgen, 16 S., DM 4,80

2. WALTER SCHOLZ, Serologische Untersuchungen bei Zwillingen. 26 S. mit 6 Tabellen, DM 4,80

3. PASCUAL JORDAN, Über die Wolkenhülle der Venus. 7 S., DM 4,80

4. WIDUKIND LENZ, Lassen sich Mutationen verhüten? 15 S. mit 6 Abb. und 2 Taf., DM 4,80

5. OTTO HAUPT und HERMANN KÜNNETH, Über Ketten von Systemen von Ordnungscharakteristiken. 24 S., DM 4,80

6. KLAUS DOBAT, Ein bisher unveröffentlichtes botanisches Manuskript Alexander von Humboldts:

Über „Ausdünstungs Gefäße" (= Spaltöffnungen) und „Pflanzenanatomie" sowie „Plantae subterraneae Europ. 1794. cum Iconibus", 25 S. mit 13 Abb. und 4 Tafeln, DM 4,80

7. PASCUAL JORDAN und S. MATSUSHITA, Zur Theorie der Lie-Tripel-Algebren. 13 S., DM 4,80

8. OTTO H. SCHINDEWOLF, Analyse eines Ammoniten-Gehäuses. 54 S., mit 2 Abbildungen im Text und 16 Tafeln, DM 13,—

9. ADOLF SEILACHER, Sedimentationsprozesse in Ammonitengehäusen. 16 S. mit 5 Abb. und 1 Tafel, DM 4,80

Jahrgang 1968

1. HEINRICH KARL ERBEN, G. FLAJS und A. SIEHL, Über die Schalenstruktur von Monoplacophoren. 24 S. mit 3 Abb. im Text und 17 Tafeln, DM 9,—

2. PASCUAL JORDAN, Zur Theorie nicht-assoziativer Algebren. 14 S., DM 4,80

3. OTTO H. SCHINDEWOLF, Studien zur Stammes-

geschichte der Ammoniten. 181 S. mit 39 Abb. im Text, DM 28,40

4. HEINRICH RISTEDT, Zur Revision der Orthoceratidae. 77 S. mit 5 Tafeln, DM 14,—

5. PASCUAL JORDAN, S. MATSUSHITA, H. RÜHAAK, Über nichtassoziative Algebren, 19 S., DM 4,80

Jahrgang 1969

1. PASCUAL JORDAN und H. RÜHAAK, Neue Beiträge zur Theorie der Lie-Tripel-Algebren und der Osborn-Algebren. 13 S., DM 4,80

2. OTTO HAUPT, Über das Verhalten ebener Bogen in signierten, symmetrischen Scheiteln. 32 S., DM 5,—

3. PASCUAL JORDAN und H. RÜHAAK, Über einen Zusammenhang der Lie-Tripel-Algebren mit den Osborn-Algebren. 8 S., DM 4,80

4. OTTO H. SCHINDEWOLF, Über den „Typus" in morphologischer und phylogenetischer Biologie. 77 S. mit 10 Abb. im Text, DM 12,—

5. PETER AX und RENATE AX, Eine Chorda intestinalis bei Turbellarien (Nematoplana nigrocapitula) als Modell für die Evolution der Chorda dorsalis 26 S., DM 4,80

6. WINFRIED HAAS und HANS MENSINK, Asteropyginae aus Afghanistan (Trilobita). 62 S. mit 5 Tafeln und 14 Abbildungen, DM 11,20

Jahrgang 1970

1. GERHARD LANG, Die Vegetation der Brindabella Range bei Canberra. Eine pflanzensoziologische Studie aus dem südostaustralischen Hartlaubgebiet. 98 S. mit 18 Abb., 17 Tab. und 10 Figuren auf Tafeln, DM 20,60

2. OTTO H. SCHINDEWOLF, Stratigraphie und Stratotypus. 134 S. mit 4 Abb. im Text, DM 26,—

3. HANNO BECK, Germania in Pacifico. Der deutsche Anteil an der Erschließung des Pazifischen Beckens. 95 S. mit 2 Abb. im Text, DM 16,—

4. HELMUT HUTTEN, Untersuchung nichtstationärer Austauschvorgänge in gekoppelten Konvektions-Diffusions-Systemen (Ein Beitrag zur theoretischen Behandlung physiologischer Transportprozesse). 58 S. mit 11 Abb., DM 16,—

5. ANTON CASTENHOLZ, Untersuchungen zur funktionellen Morphologie der Endstrombahn. Technik der vitalmikroskopischen Beobachtung und Ergebnisse experimenteller Studien am Iriskreislauf der Albinoratte. 181 S. mit 96 Abb., DM 68,—